Adil Shattir

Efeito da aplicação de diferentes taxas de compostagem

Adil Shattir

Efeito da aplicação de diferentes taxas de compostagem

Sobre características de crescimento e conteúdo foliar de N P K do mamão (Carica papaya L.)

ScienciaScripts

Imprint

Any brand names and product names mentioned in this book are subject to trademark, brand or patent protection and are trademarks or registered trademarks of their respective holders. The use of brand names, product names, common names, trade names, product descriptions etc. even without a particular marking in this work is in no way to be construed to mean that such names may be regarded as unrestricted in respect of trademark and brand protection legislation and could thus be used by anyone.

Cover image: www.ingimage.com

This book is a translation from the original published under ISBN 978-620-7-47067-9.

Publisher:
Sciencia Scripts
is a trademark of
Dodo Books Indian Ocean Ltd. and OmniScriptum S.R.L publishing group

120 High Road, East Finchley, London, N2 9ED, United Kingdom
Str. Armeneasca 28/1, office 1, Chisinau MD-2012, Republic of Moldova, Europe
Printed at: see last page
ISBN: 978-620-8-19212-9

Índice

Capítulo 1: Introdução

A papaia *(Carica papaya* L.) é um fruto importante e amplamente consumido no mundo e é cultivado comercialmente em todas as regiões tropicais e em muitas regiões subtropicais (Nakasone e Paull, 1998). É geralmente dióica com árvores masculinas e femininas separadas; no entanto, também ocorrem cultivares hermafroditas (bissexuais) (Salunkhe e Desai, 1984). A área total cultivada com esta cultura foi de 404.079 hectares e a produção mundial ascendeu a 10.038.838 toneladas métricas, produzidas em 54 países, numa área de cerca de 378.000 hectares (FAO, 2011). Nos últimos anos, a cultura da papaia no Sudão tornou-se mais popular e a procura de papaia está a aumentar como fruta de sobremesa, encontrando-se na maioria dos mercados durante todo o ano. Este facto está relacionado com a maior sensibilização para os valores nutricionais e medicinais da papaia. A papaia é cultivada em grande escala no Estado do Nilo Azul e no Estado de Sinnar. A papaieira é normalmente cultivada a partir de transplantes, é uma planta de crescimento rápido que produz frutos no prazo de 9-12 meses após o transplante das sementes (Gonsalves, 1998), mas o crescimento inicial das plântulas é lento, com baixa capacidade competitiva com as ervas daninhas (Morales-Payan e Stall, 1997). Muitos estudos mostraram que a sobrevivência e a produtividade no campo estão relacionadas com as qualidades das plântulas, que incluem: um teor ótimo de nutrição mineral, um sistema radicular bem desenvolvido, boas reservas de hidratos de carbono, bem como a capacidade de produzir novas raízes rapidamente (Landis *et al.,* 1998). Durante vários anos, os principais produtores agrícolas preferiram a utilização de fertilizantes inorgânicos devido ao seu elevado rendimento em termos de produtividade das culturas. No entanto, as aplicações a longo prazo de fertilizantes inorgânicos causaram uma diminuição notável da produtividade das culturas e um aumento da poluição no ambiente circundante (Chand *et al.*, 2006). Recentemente, muitos agricultores passaram da utilização de fertilizantes inorgânicos para fertilizantes orgânicos devido ao fator custo e à sua consciência ambiental (Luo *et al.*, 2006). No Sudão, o fornecimento de elementos nutritivos sob a forma de fertilizantes inorgânicos e/ou orgânicos para o bom crescimento das plantas tem recebido muita atenção para as culturas de campo, mas tem sido largamente negligenciado para a produção de plântulas de árvores de fruto em condições de viveiro. No entanto, pouco ou nenhum trabalho de investigação foi realizado para estudar o efeito dos fertilizantes orgânicos utilizando composto orgânico nas caraterísticas de crescimento e no teor de nutrientes foliares das plântulas de papaia cultivadas em condições de viveiro antes da plantação permanente. Assim, este estudo foi realizado com os seguintes objectivos

1. Avaliar o efeito de adições de composto orgânico nas caraterísticas de crescimento da papaia

   plântulas.

2. Avaliar o efeito de adições de composto orgânico no teor de nutrientes das folhas de papaia.

Capítulo 2: Literatura

2.1. Origem, produção mundial e botânica

A papaia, *(Carica papaya* L.) pertence à família das Caricaceae; é uma pequena

árvore tropical originária da América do Sul. É provável que tenha tido origem no sul

do México e na Costa Rica. Foi depois levada pelos espanhóis para Manila em meados

do século XVIth e chegou a Malaca ou às Filipinas, de onde foi levada para a Índia. Foi

registada em Zanzibar no século XVIIIth . Atualmente, está espalhada por todos os

países tropicais e subtropicais (Purseglove, 1985 e Rice *et al,* 1987). A papaieira tem

potencial para ser utilizada como cultura de frutos ou em paisagens (Darrow, 1975;

Layne, 1996).

A produção mundial de papaia ascende a 10 038 838 toneladas métricas (TM),

produzidas em 54 países, numa área de 378 000 hectares (FAO, 2011). Os dez principais

países produtores são o Brasil (1 900 000 TM), a Nigéria (765 000 TM), a Índia (3 629

000 TM), o México (715 480 TM), a Guatemala (184 530 TM), a Indonésia (653 276

TM), a Etiópia (260 000 TM), o Congo (223 770 TM), as Filipinas (182 907 TM) e a

Colômbia (207 698 TM) (FAO, 2011). As cultivares de papaia mais importantes são

'Solo', 'Solo 5', 'Solo 8', 'Bush' e 'Sunrise' no Havai, 'Hortus Gold' na África do Sul,

'Improved Petersen' e 'Airline/57' na Austrália, 'Coorg Honey' na Índia e 'Semanka' na

Indonésia (Storey, 1969). As papaieiras são cultivadas em zonas com uma grande

variedade de regimes de precipitação, desde o nível do mar até 2100 metros, obtendo-se

uma taxa de crescimento óptima com um abastecimento adequado de água (Acland,

1978). A temperatura óptima para o crescimento situa-se entre 21^0 C e 33^0 C. A papaieira

é extremamente sensível à geada e se a temperatura cair abaixo de 12-14^0 C durante várias

horas à noite, o crescimento e a produção são gravemente afectados (Nakasone e Paul,

1998). A temperatura durante a estação de crescimento influencia significativamente o crescimento e o desenvolvimento dos frutos a partir dos 120-150 dias normais. Isto é mais pronunciado nas zonas subtropicais. O desenvolvimento dos frutos durante as partes mais frias do ano pode ser retardado e os frutos têm menos sólidos solúveis totais. O tamanho final do fruto é determinado nas primeiras 4-6 semanas de desenvolvimento do fruto e a temperatura desempenha um papel dominante no processo (Nakasone e Paul, 1998).

A papaieira *(Carica papaya* L.) é uma planta herbácea de grande porte, com um único caule ereto, que pode atingir alturas de até nove metros, terminando com uma coroa de folhas grandes (Nakasone e Paul, 1998). As folhas são grandes, com lóbulos profundos e pecíolos longos, e estão dispostas em espiral. A planta é geralmente dióica, com flores masculinas ou femininas, no entanto, também ocorrem árvores bissexuais (Samson, 1986). Lamont e O'Connell (1987) referiram que a qualidade das plantas ornamentais cultivadas em contentores depende, em termos gerais, da composição física e química do meio, do ambiente de crescimento e da gestão das plantas, como a rega e o controlo de pragas e doenças. A utilização frequente de fertilizantes é uma parte importante da produção agrícola em todo o mundo (Chand *et al.,* 2006). Durante vários anos, os principais produtores agrícolas preferiram a utilização de fertilizantes inorgânicos devido ao seu elevado rendimento em termos de produtividade das culturas. No entanto, as aplicações a longo prazo de fertilizantes inorgânicos causaram uma diminuição notável da produtividade das culturas e um aumento da poluição do ambiente circundante (Chand *et al.,* 2006). Recentemente, muitas empresas agrícolas passaram a utilizar fertilizantes orgânicos em vez de fertilizantes inorgânicos (Luo *et al.,* 2006)

2.2. Crescimento e desenvolvimento da papaieira:

O ciclo de vida da papaieira viva pode ser convenientemente dividido em três fases fisiológicas principais após a germinação das sementes. Estas são o crescimento, a maturação e a senescência. Contudo, não é fácil fazer uma distinção clara entre estas três fases (Wills *et al.,* 1998). O crescimento é definido como um aumento permanente e irreversível do tamanho e da forma e é acompanhado por um aumento do peso da parte da planta (Salunkhe e Desai, 1984). O crescimento envolve a divisão celular e o subsequente aumento das células, o que explica o tamanho final da parte da planta. O crescimento e a maturação são muitas vezes referidos coletivamente como fase de desenvolvimento (Salunkhe e Desai, 1984).

A senescência é definida como o período em que os processos bioquímicos anabólicos (sintéticos) dão lugar a processos catabólicos (degradativos), conduzindo ao envelhecimento e à morte final dos tecidos (Wills *et al.,* 1998).

2.3. Composição dos meios de envasamento e seu efeito no crescimento das plântulas:

O meio de cultura para vasos é um sistema complexo muito importante, constituído por materiais sólidos, líquidos e gasosos (Sabah, 1994). As propriedades físicas e químicas, bem como a concentração de azoto, fósforo e potássio dos meios de cultura em vaso são factores dominantes que afectam a utilização dos meios de cultura, a disponibilidade de nutrientes para as plantas, a mobilidade da água dentro ou através dos meios de cultura e a penetração das raízes nos meios de cultura em vaso (Sabah, 1994). Uma boa gestão dos meios de cultura em contentores é fundamental para produzir plântulas de viveiro de elevada qualidade. O estrume de quinta tem sido a principal fonte de matéria orgânica para o fornecimento de minerais essenciais necessários às plantas. São necessárias grandes aplicações de matéria orgânica para o sucesso da produção de frutas e legumes (Chaudhary, 1996). Anvari *et al.* (1994) afirmaram que os meios de envasamento contendo areia, estrume, argila e serradura foram considerados eficazes para o crescimento saudável e o desenvolvimento de plântulas de citrange Troyer cultivadas em vasos. Por outro lado, Nisar *et al.* (1990) verificaram que os meios de cultura que continham diferentes misturas de argila, areia e estrume de gado (2:1:1) tinham um efeito significativo no crescimento das plântulas de laranjeira azeda e de citrange de Troyer cultivadas em vasos. Lamont e O'Connell (1987) concluíram que a capacidade óptima de retenção de água, a condutividade eléctrica, o pH, um melhor arejamento e a matéria orgânica dos meios de cultura podem contribuir para um melhor desenvolvimento das plântulas e das plantas cultivadas em contentores de diferentes plantas de viveiro.

2.4. Nutrição da papaia, nutrientes importantes e suas funções nas fases de crescimento e desenvolvimento da planta da papaia:

A papaieira é uma cultura frutícola altamente exaustiva em termos de nutrientes, devido ao seu rápido crescimento, hábito de frutificação contínua ao longo do ano e grande produção de frutos, pelo que é necessária a aplicação frequente de doses elevadas de estrume e fertilizantes para satisfazer as necessidades nutricionais das plantas (Nambiar e Abrol, 1989; Tandan, 2000). A papaia tem três fases de desenvolvimento distintas: 1) crescimento inicial; 2) floração e formação de frutos; 3) produção. A procura de nutrientes minerais em cada fase de crescimento e desenvolvimento da papaieira é distinta e aumenta com uma percentagem maior na fase de produção (Cunha, 1979). O nitrogênio é necessário para o crescimento vegetativo. Não deve ser limitante nos primeiros 5 a 6 meses após o transplante. Os sintomas de deficiência de N aparecem primeiro nas folhas maduras, como áreas amareladas entre as nervuras. Mais tarde, estas folhas tornam-se amarelas, envelhecem e destacam-se do tronco, podendo mesmo tornar-se necróticas, com o centro a ficar castanho e as margens roxas. Quando a deficiência de N é severa, todas as folhas ficam amarelas, as folhas novas têm caules mais finos e as lâminas foliares não são bem desenvolvidas (Costa e Pacova, 2003; Cunha, 1979; Cibez e Gaztambide, 1978). Embora o fósforo seja um macronutriente, ele é requerido em menor quantidade. A sua acumulação na planta aumenta uniformemente e é mais importante durante o desenvolvimento inicial das raízes. Assim, é necessário dar às plantas jovens uma fonte de P prontamente disponível para as plantas. Também se sugere que o P tem um efeito na frutificação (Cibez e Gaztambide, 1978). Cibez e Gaztambide (1978) cultivaram plantas numa solução nutritiva e observaram que os sintomas de deficiência de P aparecem inicialmente nas folhas mais velhas, como uma cor amarela mosqueada ao longo das bordas. À medida que a deficiência de P progride, as áreas amarelas tornam-se necróticas e as folhas apresentam lóbulos pontiagudos, enquanto as bordas se curvam para cima. Mais tarde, as folhas ficam completamente amarelas e caem do tronco. As folhas novas são mais pequenas e têm uma cor verde escura. Costa e Pacova (2003) descreveram os sintomas de deficiência de P da seguinte forma: primeiro, os sintomas de deficiência aparecem como manchas roxas nas lâminas das folhas maduras, seguidas pelo centro de cada mancha que se torna necrótica com o tempo, com uma cor acastanhada. O potássio é necessário em grandes quantidades para a papaieira. A papaieira absorve K continuamente durante todo o ciclo da planta. É especialmente importante após a fertilização das flores para produzir frutos maiores e de melhor qualidade, com níveis elevados de açúcares e sólidos solúveis totais. A relação N: K_2O de 1:1 parece ser a mais favorável para a obtenção de boas produtividades, o que sugere que os fertilizantes utilizados devem ter relações N: K_2O próximas de 1:1 (Oliveira e Caldas, 2004). Os sintomas de deficiência de potássio são observados primeiramente nas folhas mais velhas, com diminuição do seu número e com o caule posicionado obliquamente ao tronco. As folhas mais velhas são amarelas entre as nervuras e ao longo das bordas com uma ligeira necrose marginal nas extremidades dos lóbulos. As folhas tendem a secar da ponta para o centro. As folhas em desenvolvimento apresentam bordas cloróticas com pequenos pontos necróticos. Quando a deficiência de K é grave, o ponto de crescimento é afetado (Costa e Pacova, 2003; Cunha, 1979; Cibez e Gaztambide, 1978). O cálcio é o terceiro nutriente mais requerido e também se acumula uniformemente como o K. Costa e Pacova (2003) verificaram que os sintomas iniciais de deficiência de Ca são observados nas folhas mais jovens, em expansão, que apresentam bordos enrolados, prejudicando o desenvolvimento foliar. A deficiência de cálcio também é responsável pelo amolecimento da polpa dos frutos, o que resulta em problemas no transporte e em uma curta vida útil comercial. A deficiência de magnésio se manifesta nas folhas maduras com coloração amarela intensa, enquanto as regiões próximas às nervuras permanecem verdes. Quando o Mg é muito deficiente, as folhas novas também apresentam sintomas semelhantes (Costa e Pacova, 2003; Cunha, 1979; Cibez e Gaztambide, 1978). O enxofre ocorre na papaína, uma enzima proteolítica, e, em geral, desempenha funções na planta que afetam o rendimento e a qualidade dos frutos. O ião sulfato favorece a atividade de enzimas anabólicas que participam na formação e acumulação de amido e proteínas. Quando o S é deficiente, as folhas novas e em expansão são de cor verde clara antes de se tornarem uniformemente amarelas. Com o aumento da deficiência, as folhas completamente expandidas também se tornam amarelas. Antes do aparecimento de sintomas visuais nas folhas, o crescimento da planta de papaia é afetado. A absorção de enxofre pode ser afetada pela presença de iões cloreto adicionados ao solo como fertilizante (Costa e Pacova, 2003; Cunha, 1979; Cibez e Gaztambide, 1978). O boro é o micronutriente mais importante para a papaieira porque afecta tanto o rendimento como a qualidade do fruto. A calagem do solo, a acidez excessiva do solo, a deficiência de água e as altas intensidades de luz, os baixos níveis de matéria orgânica do solo e de B no solo são citados como causas da deficiência de B. Quando a deficiência de B é severa, os pontos de crescimento tanto dos caules como das raízes são afectados, os frutos são mal formados e têm um aspeto magro e o látex escorre da casca de 1 a 5 pontos distintos (Oliveira, 1999). A deficiência de zinco é observada nas folhas em expansão como clorose interveinal que mais tarde se transforma em manchas roxas. Com o aumento da deficiência de Zn, as folhas mais jovens permanecem pequenas, podendo apresentar necrose nas bordas e na lâmina entre as nervuras principais. Os espaços internodais também são encurtados (Costa e Pacova, 2003).

2.5. Benefícios do composto:

Rynk (1992) definiu a compostagem como um processo biológico no qual os microrganismos convertem materiais orgânicos, tais como lamas de estrume, folhas, papéis e resíduos alimentares, em materiais semelhantes ao solo, designados por composto. Por outro lado, Zibilske (1999) definiu a compostagem como a degradação microbiana controlada de resíduos orgânicos para produzir temperaturas (40-55°C) suficientemente elevadas para matar agentes patogénicos e sementes de ervas daninhas e o produto final é conhecido como composto. Os aditivos de composto influenciam vários parâmetros de fertilidade do solo, como o teor e a disponibilidade de nutrientes, a estrutura do solo e a atividade microbiológica. Têm um impacto direto e indireto no crescimento e na saúde das plantas (Fuchs e Larbi, 2005). No entanto, a influência do composto pode variar consoante a sua qualidade, o tipo de solo e a cultura-alvo. Foi referido que o composto promove as propriedades físicas e químicas dos meios de cultura e reduz os riscos. Maheswarappa *et al.* (1999) e Pandey e Shukla (2006) referiram que a aplicação de composto afecta favoravelmente o pH do solo, a população microbiana e as actividades enzimáticas do solo. Melhora a estrutura do solo, aumenta o teor de matéria orgânica, a capacidade de retenção de água e reduz a frequência e a taxa de irrigação

(Ozores-Hampton, 1998; Mitchell e Edwards, 1997; Liang *et al.* 2005). O composto é uma boa fonte de macro e micronutrientes para o crescimento das plantas. Scheuerell e Mahaffe (2004) e Courtney e Mullen (2008) descobriram que elementos nutricionais como potássio (K), cálcio (Ca), magnésio (Mg), fósforo (P), ferro (Fe), cobre (Cu) e manganês (Mn) aumentaram quando o composto foi aplicado. O composto aumenta a tolerância das plantas à salinidade do solo. Liang *et al.* (2005) referiram que a aplicação de composto orgânico no solo melhora as caraterísticas físicas e químicas do solo, bem como pode contribuir para aumentar a tolerância das culturas ao stress salino, aumentando a drenagem e a retenção de água no solo. A utilização de composto pode reduzir a poluição ambiental. Stofella e Graetz, (2000) afirmaram que a aplicação de composto reduz a proporção de espécies químicas solúveis em água, que causam possível contaminação ambiental. A utilização de composto em recipientes tem o potencial de proteger as plantas de agentes patogénicos radiculares transmitidos pelo solo, reduzindo assim a utilização de pesticidas. Alvarez *et al.* (1995) verificaram que a adição de algum composto ao solo aumentava o número de bactérias da rizosfera do tomateiro que exibiam antagonismo em relação a *Fusarium* oxysporum, *Pyrenochaeta Iycopersici, Pythium ultimum* e *Rhizoctonia solani.* Na mesma linha, Tan *et al.* (2002) verificaram que a aplicação de estrume de galinha compostado a plântulas de papaia em vasos reduziu significativamente a podridão radicular causada por *Phytophthora palmivora.* Os compostos podem ser utilizados em vez da cobertura morta de polietileno para controlar as ervas daninhas e o composto imaturo pode ser utilizado no controlo das ervas daninhas porque possui compostos fitotóxicos (ácido acético e ácido propiónico) que impedem o crescimento das ervas daninhas (Stofella e Graetz, 2000; Leroy *et* al., 2008).

2.5.1. Efeito da aplicação de fertilizantes orgânicos nas caraterísticas de crescimento:

Os aditivos de composto influenciam vários parâmetros de fertilidade do solo, como o teor e a disponibilidade de nutrientes, a estrutura do solo e a atividade microbiológica. O seu impacto no crescimento e na saúde das plantas é direto e indireto (Fuchs e Larbi, 2005). No entanto, a influência do composto pode variar consoante a sua qualidade, o tipo de solo e a cultura-alvo. Vários trabalhadores estudaram o efeito da aplicação de fertilizantes orgânicos em diferentes espécies de plantas. Em plantas de papaieira, Ravishankar *et al.* (2004) investigaram o efeito de adubos orgânicos nas caraterísticas de crescimento da papaieira cultivada em condições de campo; verificaram que as plantas de papaieira tratadas com adubos orgânicos registaram a altura máxima da planta, o perímetro do caule e o número de folhas por planta, em comparação com os seus homólogos do controlo. Em plantas de lima, Mohamed *et al.* (1999) estudaram o efeito do estrume de quintal no crescimento de plântulas de lima; verificaram que a aplicação de diferentes taxas de estrume de quintal a plântulas de lima aumentou todos os parâmetros de crescimento em relação ao controlo. Verificou também que existia uma relação positiva entre a taxa de estrume de quintal e o aumento dos valores de crescimento. Trabalhando com mudas de laranja azeda em condições de viveiro, Mumtaz *et al.* (2006) avaliaram o efeito de diferentes meios de envasamento misturados com vários níveis de fertilizantes orgânicos nas caraterísticas de crescimento de mudas de laranja azeda. Constatou que a altura da planta, a circunferência do caule, o número de folhas por planta, o número de ramos por planta, a taxa de crescimento relativo e o peso fresco da raiz da laranjeira azeda aumentaram significativamente nos meios que continham fertilizantes orgânicos em comparação com os tratamentos de controlo. Verificou também que o aumento dos parâmetros de crescimento estava positivamente correlacionado com o nível de fertilizante adicionado. Em plântulas de manga, Moyin-

Jesu e Adeofun (2008) estudaram o efeito de diferentes fertilizantes orgânicos na fertilidade do solo, na composição mineral das folhas e no desempenho de crescimento de plântulas de manga *(Magnifera indica L.)* em condições de viveiro, tendo constatado que os fertilizantes orgânicos aumentaram significativamente a altura da planta, a área foliar, a circunferência do caule, o número de folhas das plântulas de manga e o comprimento da raiz em comparação com o tratamento de controlo. No caso do tomateiro, Roe (2000) verificou que a aplicação de composto em plantas de tomateiro cultivadas em condições de estufa aumentava significativamente vários parâmetros de crescimento, nomeadamente a altura da planta, o número de folhas por planta e de flores por planta e, subsequentemente, um maior rendimento por planta. Do mesmo modo, Marcos *et al.* (2007) testaram três tipos de composto misturados com solo no crescimento de plantas de tomate. Verificaram que cada tipo de composto melhorou significativamente o crescimento das plantas em comparação com os seus homólogos do controlo. Na mesma linha, Kandi (2010) verificou que os parâmetros de crescimento das plantas de tomate: altura da planta, perímetro do caule, número de ramos por planta, número de folhas por planta, área foliar, comprimento da raiz de cada parte da planta eram significativamente mais elevados nas plantas de tomate tratadas com fertilizantes orgânicos em comparação com as do controlo. Em plântulas de cebola, Maynard e Hill. (2000) estudaram a resposta das plântulas de cebola à aplicação de composto. Verificaram que a aplicação de composto aumentou a altura da planta e o número de folhas por planta em comparação com o controlo. Asiegbu e Uzo (1984) e Diaz e Colmenares (1985) registaram um maior número de folhas por planta e área foliar na cebola quando esta foi nutrida com uma maior quantidade de estrume de quintal de 5 a 20 toneladas/ha e foram obtidas plântulas de cebola com um peso médio de rebentos (17,01) com a aplicação de 20 toneladas/ha de estrume de quintal. Da mesma forma, Seran *et al.* (2010) estudaram o efeito da aplicação de diferentes níveis de composto em mudas de cebola. Verificaram que o número de folhas por planta, o número de raízes por planta e o número de bolbos por planta eram significativamente mais elevados nas cebolas tratadas em comparação com as do controlo. Observaram uma relação positiva entre os parâmetros de crescimento estudados e o nível de composto adicionado. Na planta do feijão-frade, Karmegam e Daniel (2000) estudaram o efeito da aplicação de composto no feijão-frade *(Vigna unguiculata)*. Verificaram que os rendimentos de matéria fresca e seca do feijão-caupi eram mais elevados quando o solo era emendado com composto do que as plantas de controlo. Trabalhando com plantas de crisântemo em vaso, *Nethra et al.* (1999) estudaram o efeito da aplicação de diferentes níveis de vermicomposto a plantas de *crisântemo (Chrysanthemum chinensis* L) em vaso. Verificaram que o peso fresco das flores, o número de flores por planta e o diâmetro das flores aumentavam à medida que o nível de vermicomposto aumentava. Na **fruta-pão africana,** Okunomo (2010) avaliou o efeito de adubos orgânicos no desempenho de crescimento de plântulas de fruta-pão *africana* (*Treculia africana* Decne). Encontrou um efeito positivo consistente e maior altura das plântulas, perímetro do caule, número de folhas por planta em comparação com plântulas não tratadas. Em plantas de quiabo, Akanbi *et al.* (2010) testaram cinco taxas de composto misturado com solo de vaso em plantas de quiabo em vaso em condições de viveiro e relataram que a altura do caule, a circunferência do caule, o índice de área foliar e a matéria seca aumentaram com o aumento das taxas de composto em comparação com vasos não tratados. Trabalhando na mesma planta, Abd ElKader *et al.* (2010) descobriram que a aplicação de estrume de galinha e composto a plantas de quiabo cultivadas em solos arenosos deu um aumento significativo em cada um dos parâmetros de crescimento estudados: altura da planta, perímetro do caule, número de folhas por planta, número de ramos por planta e pesos frescos de cada parte da planta em comparação com as suas contrapartes do controlo. Mutwalli (2011) aplicou dois níveis de composto (10 toneladas e 15 toneladas /ha) a plantas de quiabo em condições de campo. Verificou que cada um dos níveis de composto teve um efeito positivo nos parâmetros de crescimento: altura da planta, número de ramos por planta, número de folhas por planta, índice de área foliar, pesos frescos e secos de cada parte da planta, no entanto, a aplicação de composto ao nível de 15 toneladas/ha foi considerada mais eficaz do que ao nível de 10 toneladas/ha. Em plantas de ovos, Bindumathi (2008) estudou o efeito de três tipos de fertilizantes orgânicos no crescimento e rendimento da planta de ovos *(Solanum melonogena)* em condições de campo. Verificou que a altura da planta, o número de folhas por planta e o número de ramos por planta eram significativamente mais elevados em comparação com os tratamentos de controlo. Banerjee e Singhamahapatra (1986) estudaram o efeito da aplicação de fertilizante orgânico em plantas de batata, tendo verificado índices de área foliar mais elevados e um aumento da taxa de crescimento relativo das plantas de batata (RGR) em comparação com os do controlo. Verificou também que o aumento do crescimento relativo (RGR) estava positivamente associado a uma taxa elevada de fertilizantes orgânicos. Em plântulas de alperce, Stino *et al.* (2009) estudaram o efeito de três níveis de composto 50, 100 e 150% em combinação com biofertilizantes nos parâmetros de crescimento de plântulas de alperce, tendo verificado que o número mais elevado de folhas por planta, o comprimento do caule e o número de folhas por planta e os pesos frescos e secos foram obtidos a 150%, seguido de 100% e depois de 50% de composto e biofertilizantes, em comparação com os tratamentos de controlo. Gamal e Ragab (2003) afirmaram que os efeitos positivos da fertilização orgânica nos parâmetros de crescimento dos damasqueiros podem ser atribuídos aos seus efeitos no fornecimento de nutrientes às árvores durante um período relativamente longo, bem como aos seus efeitos na redução do pH do solo, o que pode ajudar a facilitar a disponibilidade de nutrientes no solo e melhorar as caraterísticas físicas a favor do desenvolvimento das raízes. Trabalhando com plantas de ervilha, EL-Desuki *et al.* (2010) estudaram o efeito de diferentes taxas de aplicação de composto (100, 120 e 140 kg N/fed.) no crescimento de plantas de ervilha *(Pisum sativum L.).* Verificaram um aumento significativo em todos os parâmetros de crescimento vegetativo testados, nomeadamente: comprimento da planta, número de folhas por planta e número de ramos por planta, bem como os pesos frescos e secos de cada parte da planta. Também provaram uma correlação positiva entre o aumento das taxas de composto e o crescimento das plantas de ervilha. Trabalhando com plantas de zínia, Atif, *et al.* (2008) avaliaram cinco meios de crescimento diferentes, incluindo: composto de coco, lodo, solo, estrume de folhas, mistura de estrume de folhas com lodo + estrume de folhas + composto de coco (1:1:1) no crescimento e floração de Zinnia. Verificaram que cada um dos meios de cultivo com materiais orgânicos proporcionou um número significativamente mais elevado de folhas por planta, altura da planta, índice de área foliar, maior tamanho e número de flores por planta em comparação com os seus homólogos cultivados em meios de solo. Do mesmo modo, Yusef (2011) estudou o efeito da mistura de composto de folhas de tamareira com diferentes meios de cultura, nomeadamente (areia, turfa argilosa e vermiculite) no crescimento vegetativo de plantas de dália *(Dahlia pinnata)*, calêndula *(Tagetes erecta)*, zínia *(Zinnia elegans)* e cosmos *(Cosmos biinnatus).* Verificaram que cada uma das misturas proporcionou um crescimento vegetativo significativamente mais elevado em termos de perímetro do caule, número de folhas por planta, altura da planta, índice de área foliar e pesos frescos e secos de cada planta do que os do controlo.

Trabalhando com a planta Matthiola, Abdel-Aziz e Mazhar (2011) testaram o efeito de diferentes níveis de composto viz: (0, 100, e 200 g/pot rates) no crescimento vegetativo e floração da planta *(Matthiola incana* L.). Verificaram que a altura dos rebentos, o número de folhas por planta, o número de raízes por planta, o número de flores por planta e os pesos frescos e secos de cada planta eram significativamente mais elevados em comparação com as suas contrapartes do controlo. Na cana-de-açúcar, Viator *et al.* (2002) avaliaram o efeito da adição de gesso e composto no crescimento das raízes da cana-de-açúcar e no teor de nutrientes das plantas. Verificaram que o gesso misturado com composto resultou num aumento significativo do comprimento das raízes por planta, maior largura das raízes por planta e maior área de superfície das raízes em comparação com as do controlo. Em pinhão-manso, Mazhar, *et al.* (2011) estudaram o efeito da aplicação de composto do Nilo no crescimento da planta de pinhão-manso *(Jatropha curcas)*. Verificaram que o composto do Nilo resultou num aumento significativo da altura da planta, da circunferência do caule, do número de folhas por planta, do número de raízes por planta, do comprimento da raiz por planta e dos pesos fresco e seco de cada uma das partes da planta em comparação com as suas contrapartes do controlo. Abdul Mateen *et al.* (2007) estudaram o efeito de diferentes meios orgânicos alterados no crescimento de *(Vinca rosea)* em condições de viveiro e concluíram que cada um dos meios orgânicos alterados produziu os pesos frescos e secos mais elevados de folhas, caules e raízes em comparação com as suas contrapartes do controlo. Trabalhando com plântulas de arruda em vaso, El-Sherbeny *et al.* (2007) estudaram o efeito da aplicação de diferentes níveis de composto a plântulas de arruda em vaso *(Ruta garveolens)*. Constataram um aumento significativo da altura da planta, do número de ramos por planta, do diâmetro dos caules e do número de raízes por planta e dos pesos frescos e secos de cada parte da planta em comparação com os do controlo. Trabalhando com mudas de abacaxi, Indriyani *et al.* (2011) estudaram o efeito do meio de plantio no crescimento de mudas de abacaxi em condições de viveiro. Os seus resultados mostraram que o meio de solo + estrume (1:1) proporcionou um maior crescimento das plântulas de ananás do que os outros meios. Este meio deu os parâmetros mais elevados em termos de altura da planta, comprimento da folha, largura da folha, número de folhas e pesos frescos e secos das plântulas, em comparação com outros meios. Na alface, Michael *et al.* (2010) estudaram o efeito da aplicação de fertilizantes orgânicos nos parâmetros de crescimento de plântulas de alface *(Lactuca sativa* L.*)*. Verificaram que cada um dos fertilizantes utilizados deu maior número de folhas por planta, maior altura da planta, maior área foliar e maiores pesos frescos e secos de folhas, caules e raízes em comparação com os seus homólogos do controlo. Russo (2001) aplicou fertilizantes orgânicos como fertilizante foliar nas folhas das plantas. Ele encontrou uma resposta positiva da *(Vochysia guatemalensis* L.) 'árvore tropical à aplicação de resíduos de frutas fermentadas como fertilizante foliar. Observou um maior perímetro do caule, um maior índice de área foliar e maiores pesos frescos e secos de cada parte da planta em comparação com os do controlo.

2.5.2. Efeito dos fertilizantes orgânicos nos teores de nutrientes nas folhas:

Foi relatado que a aplicação de fertilizantes orgânicos influencia vários factores de fertilidade do solo

bem como os nutrientes das plantas e, subsequentemente, os parâmetros de crescimento das plantas (Fuchs e Larbi, 2005). Muitos autores estudaram o efeito dos fertilizantes orgânicos na promoção do estado dos nutrientes foliares em diferentes espécies de plantas: Em plântulas de lima, Mohamed *et al.* (1999) estudaram o efeito do estrume do pátio da quinta no teor de nutrientes das folhas de plântulas de lima. Verificou que os teores de N, P, K, Ca, Mg, Zn e Cu das folhas eram mais elevados nas plântulas tratadas do que nas suas contrapartes do controlo. Em bolbos de Amaryllis, El-Naggar e El-Nasharty (2009) testaram o efeito do composto de folhas adicionado a diferentes meios no teor de nutrientes de bolbos de Amaryllis (*Hippeastrum vittatum* Herb.). Verificaram que os teores de N e P nas folhas aumentaram significativamente em resultado da utilização de folhas compostadas em comparação com outros meios. Trabalhando com mudas de damasco, Stino *et al.* (2009) estudaram o efeito de três níveis de composto 50,100 e 150% em combinação com biofertilizantes no conteúdo de nutrientes nas folhas de mudas de damasco. Verificaram que o composto orgânico e o biofertlizante proporcionaram os teores mais elevados de azoto, fósforo, potássio, ferro e zinco em comparação com os tratamentos de controlo. Em mudas de goiaba, Haggag *et al.* (1994) relataram que a aplicação de adubo orgânico em mudas de goiaba aumentou a absorção de fósforo nas mudas de goiaba em comparação com a fertilização química. Trabalhando com plântulas de manga, Moyin-Jesu e Adeofun (2008) examinaram o efeito de diferentes fertilizantes orgânicos na fertilidade do solo e na composição mineral da folha de plântulas de manga *(Magnifera indica* LJ em condições de viveiro e relataram que os fertilizantes orgânicos aumentaram significativamente o N, P, K, Ca e Mg do solo e da folha, em comparação com o tratamento de controlo. Esta observação foi semelhante a um trabalho anterior de Moyin-Jesu (2003), que, trabalhando com plântulas de dendezeiro, relatou que a aplicação de fertilizantes orgânicos a plântulas de dendezeiro resultou em maior N, P, K, Ca e Mg no solo e nas folhas do que as plântulas não tratadas. Em plantas de ervilha, EL-Desuki *et* al. (2010) estudaram o efeito de diferentes taxas de composto (100, 120 e 140 kg N/alimentação) no teor de nutrientes de plantas de ervilha *(Pisum sativum L.)* e relataram que a aplicação de composto aumentou o teor de N, P, K, Mn, Fe, proteínas totais e hidratos de carbono totais nas vagens, em comparação com os seus homólogos do controlo. Em plantas de tomate, Marcos, *et al.* (2007) estudaram o efeito de três tipos de composto misturados com solo na acumulação de nutrientes em plantas de tomate. Verificaram que cada um dos elementos nutritivos N, P, K, Ca, Mg e Zn foi significativamente acumulado nas plantas tratadas com cada um dos três compostos utilizados, em comparação com as dos tratamentos de controlo. Na mesma linha, Kandi (2010) aplicou vários fertilizantes orgânicos em plantas de tomate. Verificou que cada um dos fertilizantes aumentou significativamente o teor foliar de N, P, K e Mg em comparação com os do controlo. Em plantas de Matthiola, Abdel-Aziz e Mazhar (2011) relataram uma maior concentração de cada um dos teores foliares de N, P, K e Mg em plantas de *(Matthiola incana* L.) tratadas com diferentes níveis de composto em comparação com os do controlo. Trabalhando com mudas de romã, Fayed (2010) estudou o efeito do composto de chá e da aplicação de alguns antioxidantes na composição mineral da folha da romã. Verificou que o teor de N, P, K e Mg em cada folha era significativamente mais elevado nas plântulas tratadas em comparação com o do controlo. Trabalhando com plantas de pinhão-manso, Mazhar, *et al.* (2011) estudaram o efeito da aplicação de dois níveis de Nilo nas concentrações de N, P e K nas folhas de plantas de pinhão-manso *(Jatropha curcas'), tendo* verificado que as percentagens de N, P e K aumentavam gradualmente com o aumento da taxa de composto em comparação com as do controlo.

Capítulo 3: Materiais e métodos

3.1. Materiais e métodos

3.1.1. Local experimental:

A experiência foi realizada durante 2008/2009 e 2009/10, no viveiro da Faculdade de Agricultura da Universidade de Sinnar em Abu Namma (Lat.44°. 12 N, Long, 38°. 8E, Alt.445m asl.), que se situa numa zona semi-árida com solos argilosos pesados.

3.2. Material experimental:

3.2.1. Origem das sementes:

Os frutos de papaia maduros foram obtidos de uma cultivar local de papaia 'Balady' cultivada num pomar na 'aldeia de Barankawa', que é adjacente à Faculdade de Agricultura. As sementes extraídas foram cuidadosamente lavadas com água da torneira para remover os materiais gelatinosos que revestiam as sementes de papaia. Em seguida, as sementes foram secas ao ar durante 12 horas antes de serem semeadas. As sementes foram semeadas em condições de viveiro em tabuleiros de plástico contendo uma mistura de solo plano inundado e areia (proporção de 1:3, em volume) durante quatro semanas. As plântulas de papaieira de tamanho e forma uniformes foram selecionadas e transferidas para sacos de polietileno de 29 cm x 7 cm x 0,06 cm (altura, largura e espessura, respetivamente) contendo apenas lodo, lodo alterado com composto orgânico (relação 1:1, em volume), lodo e alterado com composto orgânico (relação 1:2, em volume) e lodo alterado com composto orgânico (relação 1:3, em volume). Os parâmetros iniciais de crescimento em estudo foram tomados e registados. Deixou-se que as plântulas crescessem em condições de viveiro e depois foram efectuadas várias medições com um intervalo de 15 dias.

3.2.2. Preparação do composto:

O composto utilizado na experiência foi preparado segundo o método "Indian Indore" adotado pela FAO (1980). Foi escavado um poço de 1 metro x 2 metros x 1,5 metros (profundidade, largura e comprimento, respetivamente). Uma camada de quinze cm de espessura de resíduos vegetais (verdes murchos ou secos, ervas daninhas, palha de sorgo, caules, folhas caídas e assim por diante) foi colocada no fundo do poço, seguida por outra camada de quinze cm de estrume animal (ovelha, galinha e vaca). Foi aspergida uma quantidade suficiente de água sobre cada camada para assegurar uma humidade suficiente. A fossa é enchida desta forma, camada por camada, até ao topo. Foi adicionado algum fertilizante de ureia à fossa para facilitar o processo de decomposição dos materiais orgânicos. A fossa foi coberta com uma camada de ervas, uma camada fina de terra e depois com uma folha de plástico para evitar a perda de água da fossa. Os materiais da fossa foram revolvidos três vezes durante todo o período de compostagem; a primeira vez 15 dias após o enchimento da fossa, a segunda após mais 15 dias e a terceira após mais um mês. Em cada revolvimento, o material é bem misturado, humedecido com água e recolocado no fosso. O composto estava pronto para ser utilizado após quatro meses.

3.2.3. O projeto experimental:

O delineamento experimental utilizado foi o de blocos completos casualizados, com quatro plantas representando a unidade experimental, replicadas quatro vezes.

3.3.   Parâmetros de crescimento estudados:

Os parâmetros de crescimento estudados incluem: altura das plântulas, perímetro do caule, número de folhas por plântula, taxa de crescimento relativo (RGR), pesos frescos e secos das folhas, pesos frescos e secos dos caules, pesos frescos e secos das raízes e pesos frescos e secos totais.

3.3.1. Perímetro do caule:

A circunferência do caule foi medida com 15 dias de intervalo, a um centímetro acima do nível do solo, usando um calibre varnier (modelo Whiter-Grew) e foi expressa em centímetros.

3.3.2. Altura das plântulas:

A altura das plântulas foi medida com 15 dias de intervalo, a partir da marcação de um centímetro acima do nível do solo até o broto terminal, usando uma fita métrica e foi expressa em centímetros.

3.3.3. Número de folhas:

O número de folhas produzidas pelas plântulas de papaia foi contado com um intervalo de 15 dias antes da segunda aplicação.

3.3.4. Taxa de crescimento relativo (RGR):

A taxa de crescimento relativo das plantas experimentais foi estimada utilizando a equação de Loneragen *et al.* (1968) da seguinte forma -

$$RGR = [(W_2 - W_1)] / T_2 - T_1$$

Onde: W1 e W2 são o peso fresco inicial e final das plantas inteiras a

tempo T_1 (início da experiência) e T_2 (fim da experiência) em dias, respetivamente.

3.4.   Amostragem de folhas:

No final da experiência, foram colhidas amostras de folhas dos diferentes tratamentos e depois combinadas para formar uma amostra mista. As amostras foram lavadas com água destilada, mantidas em sacos de papel e depois secas ao ar. Após a secagem completa, as amostras foram moídas num moinho Willey para passarem por um crivo de 40 malhas e armazenadas em sacos de polietileno antes da análise química. As amostras secas foram cuidadosamente misturadas antes de se recolherem amostras representativas para análise.

3.4.1. Análise química:

3.4.1.1. Determinação do azoto total:

A determinação do azoto total foi efectuada segundo o método micro-Kjeldahl. As proteínas brutas foram calculadas multiplicando a percentagem de azoto total pelo fator 6,25 (AOAC, 1990) e foram expressas em percentagem de peso seco.

3.4.1.2. Determinação do fósforo:

O fósforo total em diferentes amostras foi extraído e determinado calorimetricamente de acordo com os procedimentos descritos por Murphy e Riley (1962) e foram expressos em percentagem de peso seco.

3.4.1.3. Determinação do potássio:

O potássio total nas amostras testadas foi determinado por um fotómetro de chama. O teor de potássio foi determinado de acordo com o método descrito por Brown (1946) e as leituras foram expressas em percentagem de peso seco.

3.5. Análise estatística:

Os dados recolhidos foram analisados estatisticamente através do teste de Duncan (DMR) ao nível de 5% de probabilidade e utilizados para comparar a diferença entre as médias dos tratamentos (Steel *et al.*, 1997).

Capítulo 4: Resultados

4.1. Parâmetros de crescimento:

4.1.1. Medições do perímetro do caule:

O efeito das alterações do composto orgânico nas medições do perímetro do caule para as duas estações sucessivas é apresentado nas Figuras 1 e 2, respetivamente. Os resultados não revelaram diferenças significativas entre as médias da circunferência do caule das plântulas de papaieira durante as duas épocas, entre os diferentes tratamentos. No entanto, a circunferência do caule das plântulas de papaieira mostrou um aumento constante em todos os tratamentos ao longo do período da experiência em ambas as estações. Os resultados indicaram que cada um dos aditivos de composto orgânico proporcionou maiores medidas de perímetro do caule das plântulas de papaieira em ambas as estações, em comparação com as suas contrapartes que cresceram apenas em lodo (controlo). As plântulas de papaieira cultivadas em lodo alterado com composto orgânico (1:3) tiveram o maior aumento percentual nas medidas da circunferência do caule, seguidas pelas cultivadas em lodo alterado com composto orgânico (1:2), seguidas pelas cultivadas em lodo alterado com composto orgânico (1:1) e depois pelas cultivadas apenas em lodo (controlo). No final dos períodos experimentais, o aumento percentual da circunferência do caule das plântulas de papaieira cultivadas em lodo com composto orgânico (1:3) foi de 53,63%, 82,97 em comparação com o aumento percentual de 51,33%, 82,83% e 50,78% e 80,70 para as cultivadas em lodo com composto orgânico (1:2) e depois as cultivadas em lodo

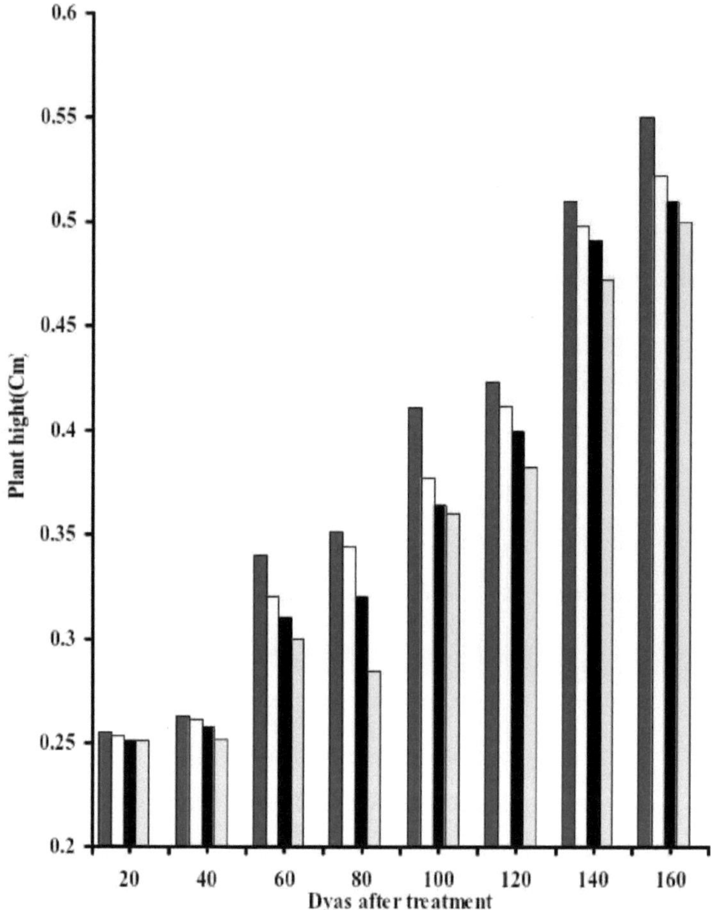

Fig.1: Efeito das alterações do composto orgânico no perímetro do caule das plântulas de papaia cultivadas em silte e composto (1:3) (▓), silte e composto (1:2) (□) e silte e composto (1:1) (■), em comparação com as cultivadas em meio de silte (controlo) (▒) durante o primeiro (2008/09).

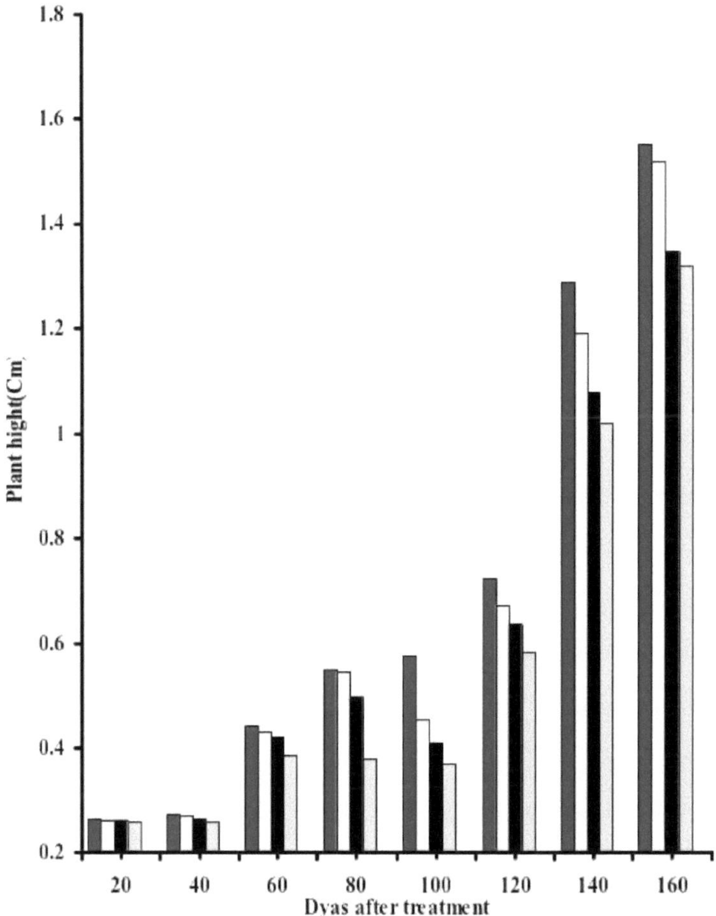

Fig.2: Efeito das alterações do composto orgânico no perímetro do caule das plântulas de papaia cultivadas em silte e composto (1:3) (▓), silte e composto (1:2) (□) e silte e composto (1:1) (■), em comparação com as cultivadas em meio de silte (controlo) (▒) durante o primeiro (2009/10).

com composto orgânico (1:1), respetivamente. Enquanto que as plântulas de papaia cultivadas apenas em lodo (controlo) registaram o menor aumento percentual no crescimento do perímetro do caule, que ascendeu a 49,80% e 80,3% durante os dois períodos experimentais, respetivamente (Figuras 1 e 2).

4.1.2. Medições da altura das plântulas:

As figuras 2 e 3 mostram que a altura das plântulas de papaia aumenta à medida que o período de crescimento avança, independentemente do tratamento aplicado. A análise estatística não revelou diferenças significativas entre os vários tratamentos em ambas as estações. No entanto, cada um dos tratamentos de lodo com composto orgânico tendeu a estimular ligeiros aumentos na altura das plântulas de papaieira em relação à testemunha em qualquer medição específica em ambas as estações. A este respeito, as plântulas de papaieira cultivadas no lodo alterado com composto orgânico (1:3) produziram a maior altura de plântulas, seguidas, por ordem decrescente, pelas plântulas cultivadas no lodo alterado com composto orgânico (1:2), seguidas pelas plântulas cultivadas no lodo alterado com composto orgânico (1:1) e, depois, pelas plântulas cultivadas no lodo (controlo) com a menor altura de plântulas. As plântulas de papaieira cultivadas em lodo e emendadas com composto orgânico (1:3) registaram as plântulas mais longas, seguidas pelas de lodo e emendadas com composto orgânico (1:2) e depois as de lodo emendadas com composto (1:1) (Figuras 3 e 4). No final da experiência, as plântulas de papaia cultivadas em lodo alterado com composto orgânico (1:3) atingiram as alturas respectivas de 52,8 cm e 55,2 cm na época 2008/09 e

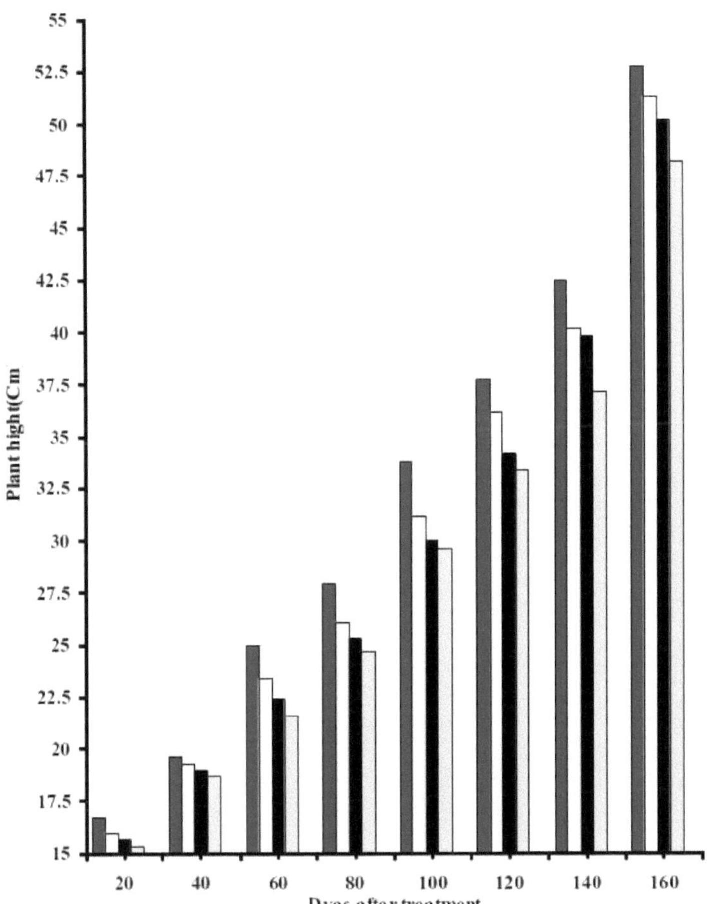

Fig.3: Efeito das emendas de composto orgânico na altura das plantas das plântulas de papaia cultivadas em silte e composto (1:3) (▨), silte e composto (1:2) (□) e silte e composto (1:1) (■), em comparação com as cultivadas em meio de silte (controlo) (▧) durante o primeiro (2008/09).

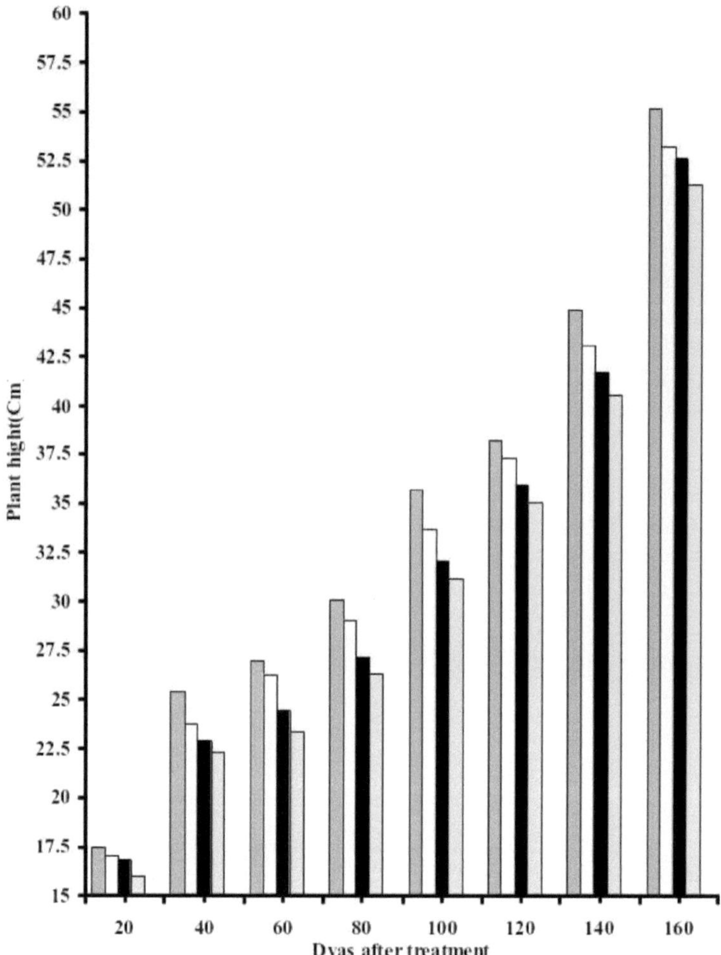

Fig.4: Efeito das emendas de composto orgânico na altura das plantas de mudas de mamão cultivadas em silte e composto (1: 3) (▨), silte e composto (1: 2) (□) e silte e composto (1: 1) (■), em comparação com as cultivadas em meio de silte (controle) (▨) durante o primeiro (2009/10).

2009/10; enquanto que as plântulas de papaia cultivadas em lodo com composto orgânico (1:2) e as cultivadas em lodo com composto orgânico (1:1) atingiram as alturas respectivas de 51,3, 53,2 cm e 50,2, 52,6 cm, respetivamente (Figuras 3 e 4).

4.1.3. Número de folhas:

nAs Figuras 5 e 6 demonstram o efeito das adições de composto orgânico no número médio de folhas das mudas de mamão em ambas as estações. Os resultados mostraram que o número de folhas das mudas de mamão aumentou numericamente com o aumento do ciclo de crescimento, independentemente do tratamento em ambas as estações. Não foram encontradas diferenças significativas entre o número médio de folhas em todos os tratamentos em ambas as estações. No entanto, as plântulas de papaieira cultivadas em lodo misturado com composto orgânico (1:3) registaram o maior número de folhas, seguidas, por ordem decrescente, pelas plântulas cultivadas em lodo misturado com composto orgânico (1:2), seguidas pelas cultivadas em lodo misturado com composto orgânico (1:1) e, depois, pelas cultivadas apenas em lodo (controlo), com o menor número de folhas em ambas as estações. No final da experiência, as plântulas de papaieira cultivadas em lodo com composto orgânico (1:3) atingiram o número médio de folhas de 21,9 e 23,8 nas épocas 2008/09 e 2009/10, respetivamente, enquanto as plântulas de papaieira cultivadas em lodo com composto orgânico (1:2) atingiram o número médio de folhas de 21 e 22,0 e as cultivadas em lodo com composto orgânico

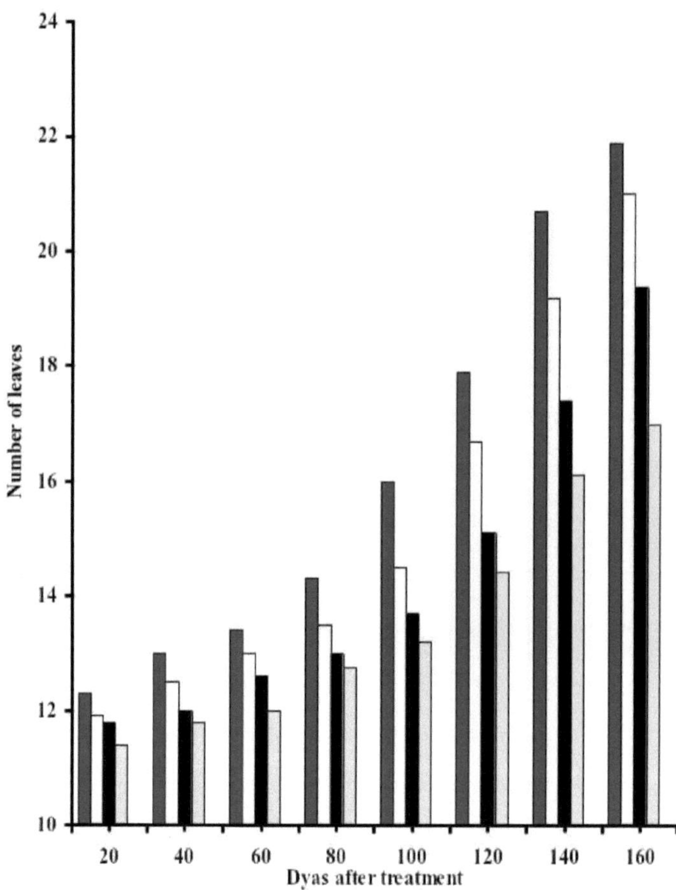

Fig.5 Efeito das alterações do composto orgânico no número de folhas das plântulas de papaia cultivadas em silte e composto (1:3) (▨), silte e composto (1:2) (□) e silte e composto (1:1) (■), em comparação com as cultivadas em meio de silte (controlo) (▒) durante o primeiro (2008/09).

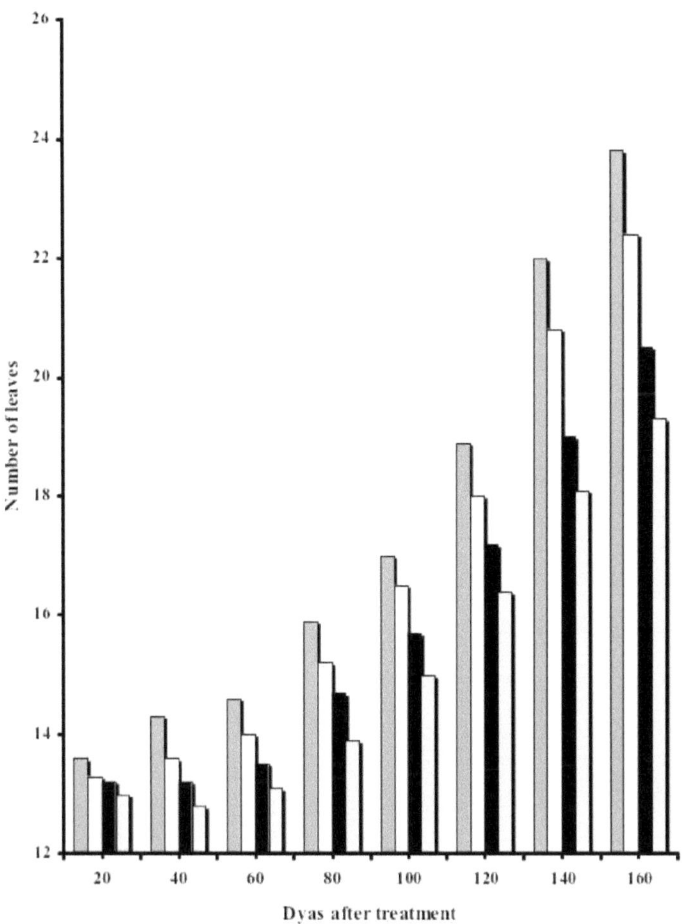

Fig.6 Efeito das emendas de composto orgânico no número de folhas das plântulas de papaia cultivadas em silte e composto (1:3) (▨), silte e composto (1:2) (□) e silte e composto (1:1) (■), em comparação com as cultivadas em meio de silte (controlo) (▨) durante a primeira época (2009/10).

(1:1) atingiram o respetivo número médio de folhas de 19,4 e 20,5, respetivamente, em comparação com o número médio de folhas de 17,0 e 19,5 atingido pelos que cresceram apenas em meio de silte (Figuras 3 e 4).

4.1.4. Taxa de crescimento relativo (RGR):

Os resultados de ambas as estações não revelaram diferenças significativas nas taxas de crescimento relativo (RGR) entre os tratamentos. Os resultados revelaram que cada uma das emendas de composto orgânico resultou numa maior taxa de crescimento relativo (RGR) das plântulas de papaieira do que as suas contrapartes cultivadas apenas em lodo (controlo) em ambas as estações (Quadro 1). As maiores taxas de crescimento relativo foram obtidas pelos meios de cultura com composto orgânico alterado com lodo (1:3) (0,24 e 0,27), seguidos, por ordem decrescente, pelos meios de cultura com composto orgânico alterado com lodo (1:2) (0,21 e 0,24), seguidos pelos meios de cultura com composto orgânico alterado com lodo (1:1) (0,20 e 0,22) e, depois, o tratamento de controlo com a menor taxa de crescimento relativo (RGR) (0,16 e 0,23) durante a primeira e a segunda época, respetivamente.

Quadro 1: Efeito das alterações do composto orgânico na taxa de crescimento relativo (RGR) das plântulas de papaia.

Treatment	First season 2008/09
	RGR
Silt+ compost (1:3)	0.24[a]
Silt+ compost (1:2)	0.21[a]
Silt+ compost (1:1)	0.20[a]
Silt media (control)	0.18[a]
	Second season 2009/10
Silt+ compost (1:3)	0.27[a]
Silt+ compost (1:2)	0.24[a]
Silt+ compost (1:1)	0.22[a]
Silt media (control)	0.21[a]

As médias seguidas pelas mesmas ninhadas numa coluna não são significativamente diferentes a p=0,05 usando o teste de intervalo múltiplo de Duncan s.

4.3. Conteúdo de elementos nutritivos nas folhas:

4.3.1. Teor de azoto:

Os resultados da análise química mostraram que o teor de N foliar das plântulas de papaieira cultivadas em diferentes adições de composto orgânico foi significativamente mais elevado em comparação com o do tratamento de controlo em ambas as estações (Quadro 3). Por ordem decrescente, o teor mais elevado de N foliar foi detectado nas plântulas de papaieira cultivadas em lodo alterado com composto orgânico (1:3), seguidas pelas cultivadas em lodo alterado com composto orgânico (1:2) e depois pelas cultivadas em lodo alterado com composto orgânico (1:1) (Quadro 3).

4.3.2. Teor de fósforo (P):

Os dados do Quadro (3) também indicaram um teor de P foliar significativamente mais elevado nas plântulas de papaieira cultivadas em cada lodo alterado com composto orgânico, em comparação com as do controlo em ambas as estações. As plântulas de papaia cultivadas em lodo com composto orgânico (1:3) apresentaram o maior teor de P foliar, seguidas pelas cultivadas em lodo com composto orgânico (1:2) e depois pelas cultivadas em lodo com composto orgânico (1:1), mas as diferenças no teor de P foliar entre elas não são significativas.

4.3.3. Teor de potássio (K):

Os resultados do estudo revelaram que as plântulas de papaieira cultivadas em cada lodo alterado com composto orgânico apresentaram significativamente o maior teor de K foliar em ambas as estações, em comparação com as suas contrapartes cultivadas apenas em lodo (controlo). Além disso, as plântulas de papaieira cultivadas em lodo com composto orgânico (1:3) revelaram o teor mais elevado de K foliar, seguidas pelas cultivadas em lodo com composto orgânico (1:2), seguidas pelas cultivadas em lodo com composto orgânico (1:1) (Quadro 3).

Quadro 3: Efeito das alterações do composto orgânico no teor de elementos nutritivos das folhas das plântulas de papaieira.

Treatment	First season2008/09		
	N	P	K
Silt+ compost (1:3)	4.2[a]	0.99[a]	0.91[a]
Silt+ compost (1:2)	3.4[a]	0.87[a]	0.89[a]
Silt+ compost (1:1)	2.7[a]	0.82[a]	0.80[a]
Silt media (Control)	1.2[b]	0.27[b]	0.33[b]
	Second season 2009/10		
	N	P	K
Silt+ compost (1:3)	4.6[a]	0.95[a]	1.00a
Silt+ compost (1:2)	3.7[a]	0.90[a]	0.91[a]
Silt+ compost (1:1)	2.9[a]	0.70[b]	0.84[a]
Silt media (Control)	1.4[b]	0.29[b]	0.40[b]

As médias seguidas pelas diferentes ninhadas numa coluna são significativamente diferentes a p=0,05 usando o teste de intervalo múltiplo de Duncan s.

Capítulo 5: Discussão

Verificou-se que os adubos orgânicos influenciam vários parâmetros de fertilidade do solo, como o teor e a disponibilidade de nutrientes, a estrutura do solo e a atividade microbiológica. Têm um impacto direto e indireto no crescimento e na saúde das plantas (Fuchs e Larbi, 2005). É de salientar que a aplicação de composto orgânico para o crescimento das plantas tem recebido muita atenção em condições de campo, mas tem sido largamente negligenciada para as árvores de fruto ou plântulas em condições de viveiro.

Os resultados do presente estudo demonstraram que as três alterações de composto testadas, adicionadas ao meio de silte, tiveram um impacto positivo em vários parâmetros de crescimento medidos em ambas as estações, em comparação com os dos seus homólogos do (controlo). Os resultados do presente estudo mostraram claramente que cada um dos aditivos de composto orgânico proporcionou maiores medições de crescimento das plântulas de papaieira em ambas as estações, em comparação com as suas contrapartes cultivadas apenas em lodo (controlo). Isto reflectiu-se em maiores medidas de perímetro do caule, as plântulas mais altas, os valores mais elevados de folhas contadas, a maior taxa de crescimento relativo (RGR). Resultados mais ou menos semelhantes foram comunicados por vários trabalhadores que trabalharam com diferentes espécies de plantas: na papaieira, Ravishankar *et al.* (2004) verificaram que as plantas de papaieira tratadas com adubos orgânicos registaram a altura máxima das plantas, o perímetro do caule e o número de folhas por planta, em comparação com as suas homólogas do controlo. Em plântulas de lima, Mohamed *et al.* (1999) verificaram que a aplicação de diferentes taxas de FYM a plântulas de lima aumentou todos os parâmetros de crescimento em relação ao controlo. Na manga, Moyin-Jesu e Adeofun (2008) verificaram que os fertilizantes orgânicos aumentaram significativamente a altura da planta, o perímetro do caule e o número de folhas em relação ao tratamento de controlo. Em plantas de tomate, Roe (2000) e Marcos *et al.* (2007) descobriram que a aplicação de composto a plantas de tomate cultivadas em condições de estufa aumentou significativamente a altura da planta, o número de folhas por planta e melhorou o crescimento da planta em comparação com os seus homólogos do controlo. Do mesmo modo, Kandi (2010) verificou que os parâmetros de crescimento das plantas de tomate, nomeadamente a altura da planta, a circunferência do caule, o número de ramos por planta e o número de folhas, eram significativamente mais elevados nas plantas de tomate tratadas com fertilizantes orgânicos em comparação com as do controlo. Em plântulas de cebola, Maynard e Hill. (2000) verificaram que a aplicação de composto aumentou a altura da planta e o número de folhas por planta em comparação com o controlo. Do mesmo modo, Seran *et al.* (2010) verificaram que o número de folhas por planta, o número de raízes por planta e o número de bolbos por planta eram significativamente mais elevados nas cebolas tratadas com composto, em comparação com as do controlo. Na fruta-pão africana, Okunomo (2010) encontrou um efeito positivo consistente e uma maior altura das plântulas, perímetro do caule, número de folhas por planta tratadas com composto em comparação com as plântulas não tratadas. Os resultados revelaram que o lodo emendado com composto orgânico deu a maior taxa de crescimento relativo (RGR) de plântulas de papaia em ambas as estações em comparação com as suas contrapartes cultivadas apenas em lodo (controlo). Mumtaz *et al.* (2006) apresentaram resultados semelhantes em plântulas de laranjeira azeda, tendo referido que a aplicação de fertilizantes orgânicos a plântulas de laranjeira azeda conduziu a um aumento da taxa de crescimento relativo em relação ao controlo.

Os resultados mostraram que as alterações de composto orgânico deram os pesos frescos e secos mais pesados de folhas, caules e raízes durante ambas as estações do que as suas contrapartes cultivadas apenas em lodo (controlo). Estes resultados estão de acordo com os resultados anteriores, segundo os quais a aplicação de composto orgânico teve um efeito positivo nos pesos frescos e secos de cada uma das partes da planta: folhas, caules e raízes, em comparação com as contrapartes do controlo. No quiabo (Abd El-Kader *et al.* 2010; Mutwalli ,2011), em mudas de damasco, (Stino *et al.*,2009), em plântulas de calêndula, zinna e cosmos (Yusef ,2011) , em plantas de ervilha(EL-Desuki *et al.* ,2010), planta de Matthiola(Abdel-Aziz e Mazhar ,2011), em jatropha (Mazhar, *et al.* ,2011), em plântulas de arruda em vaso, El-Sherbeny *et al.* (2007), em planta de alface (Michael *et al.*,2010), em plantas *de Vochysia guatemalensis* L. (Russo ,2001), em crisântemo em vaso (Nethra *et al.,* 1999), em mudas *de Vicna rosea* (Abdul Mateen *et al.*,2007) , em plantas de tomate, (Marcos *et al.,2007;* Kandi ,2010) e em plantas de feijão-caupi, Karmegam e Daniel (2000).

Os resultados deste estudo também mostraram uma correlação positiva entre as taxas de alteração do composto orgânico e o aumento de todos os parâmetros de crescimento de

plântulas de papaia. Os resultados revelaram que o lodo emendado com composto orgânico (1:3) deu o maior diâmetro de caules, as plântulas mais altas, o maior número de folhas, a maior taxa de crescimento relativo (RGR) e os pesos frescos e secos mais pesados de folhas, caules e raízes, em comparação com as suas contrapartes criadas em (1:1) e (1:2) em lodo emendado com composto orgânico. Estes resultados são apoiados por muitos trabalhadores que trabalham em diferentes plantas. Em plantas de ervilha, EL-Desuki *et al.* (2010) encontraram uma correlação positiva entre o aumento das taxas de composto e o crescimento das plantas de ervilha. Em mudas de arruda, El-Sherbeny *et al.* (2007) observaram uma relação positiva entre os níveis de composto adicionado e os parâmetros de crescimento de mudas de arruda *(Ruta garveolens)* em vasos. Em plântulas de laranja azeda, (Mohamed *et al.* ,1999; Mumtaz *et al.* ,2006) observaram que o aumento dos parâmetros de crescimento das plântulas de laranja azeda estava positivamente correlacionado com o nível de fertilizante aplicado. Em plantas de batata, Banerjee e Singhamahapatra (1986) verificaram que o aumento do crescimento relativo (RGR) estava positivamente associado a uma taxa elevada de fertilizantes orgânicos. Em plantas de quiabo em vasos, Akanbi *et al.* (2010) verificaram que os parâmetros de crescimento e as matérias secas aumentam com o aumento das taxas de composto em comparação com vasos não tratados. Da mesma forma, Mutwalli (2011) relatou que a aplicação de composto a 15 toneladas/ha foi considerada mais eficaz no aumento dos componentes de rendimento e no rendimento das plantas de quiabo do que 10 toneladas/ha. Em plântulas de alperce, Stino *et al.* (2009) verificaram que os valores de crescimento mais elevados foram

O nível de vermicomposto mais elevado foi obtido com 150%, seguido de 100% e depois 50% de composto. Em plantas de crisântemo, Nethra *et al.* (1999) relataram uma correlação positiva entre os níveis de vermicomposto e o aumento do crescimento. Na cebola, Asiegbu e Uzo (1984) e Diaz e Colmenares (1985) registaram uma correlação positiva entre o aumento do número de folhas contadas, a área foliar, o peso dos rebentos e o rendimento da cebola quando nutrida com uma quantidade mais elevada de estrume de quintal de 5 a 20 toneladas /ha . Gamal e Ragab (2003) observaram que os efeitos positivos de uma taxa elevada de orgânicos poderiam ser atribuídos aos seus efeitos no fornecimento às plantas tratadas das suas necessidades de nutrientes durante um período relativamente longo, bem como aos seus efeitos na redução do pH do solo, o que poderia ajudar a facilitar a disponibilidade de nutrientes no solo e melhorar as caraterísticas físicas a favor do desenvolvimento das raízes.

Os resultados deste estudo indicaram que os teores de azoto, fósforo e potássio em cada folha de papaieira eram significativamente mais elevados nas plântulas de papaieira cultivadas em cada lodo emendado com composto orgânico do que nos seus homólogos cultivados apenas em lodo (controlo) em ambas as estações. Resultados mais ou menos semelhantes foram relatados anteriormente por vários investigadores que trabalharam com várias espécies de plantas; viz:: Em plântulas de tília, Mohamed *et al.* (1999) verificaram que o teor de N, P, K, Ca, Mg, Zn e Cu em cada folha era mais elevado nas plântulas tratadas do que nas suas contrapartes do controlo. Em bolbos de Amaryllis, El-Naggar e El-Nasharty (2009) verificaram que os teores de N e P nas folhas aumentaram significativamente em resultado da utilização de folhas compostadas em comparação com outros meios. Em plântulas de alperce, Stino *et al.* (2009) verificaram que o composto orgânico e o biofertlizante proporcionaram os teores mais elevados de azoto, fósforo e potássio em comparação com os tratamentos de controlo. Em mudas de goiaba, Haggag *et al.* (1994) relataram que a aplicação de fertilizante orgânico em mudas de goiaba aumentou a absorção de fósforo em mudas de goiaba em comparação com a fertilização química. Em mudas de manga, Moyin-Jesu e Adeofun (2008) relataram que os fertilizantes orgânicos aumentaram significativamente o N, P, K, Ca e Mg do solo e das folhas, em comparação com o tratamento de controlo. Esta observação foi semelhante a um trabalho anterior de Moyin-Jesu (2003), que, trabalhando com plântulas de palma de óleo, relatou que a aplicação de fertilizantes orgânicos a plântulas de palma de óleo resultou em maior N, P, K, Ca e Mg no solo e nas folhas do que as plântulas não tratadas.

Em plantas de ervilha, EL-Desuki *et al.* (2010) verificaram que a aplicação de composto aumentou o teor de N, P, K, Mn, Fe, proteínas totais e hidratos de carbono totais nas vagens, em comparação com os seus homólogos do controlo. Em plantas de tomate, Marcos, *et al.* (2007) verificaram que cada um dos elementos nutritivos N, P, K, Ca, Mg e Zn foi significativamente acumulado em plantas tratadas com cada um dos três compostos utilizados, em comparação com os dos tratamentos de controlo. Na mesma linha, Kandi (2010) verificou que o adubo orgânico aumentou significativamente o teor de N, P, K e Mg nas folhas em comparação com os do controlo. Em plantas de Matthiola, Abdel-Aziz e Mazhar (2011) relataram uma maior concentração de cada um dos teores foliares de N, P, K e Mg em plantas *(Matthiola incana* L.) tratadas com diferentes níveis de composto em comparação com os do controlo. Em plântulas de romã, Fayed (2010) verificou que o teor de N, P, K e Mg em cada folha era significativamente mais elevado nas plântulas tratadas em comparação com o da testemunha. Em plantas de pinhão-manso, Mazhar, *et al.* (2011) verificaram que as percentagens de N, P e K aumentaram gradualmente com o aumento da taxa de composto em comparação com as do controlo.

Conclusões

Deste estudo podem ser retiradas as seguintes conclusões:

1: Em geral, as emendas de composto têm efeitos positivos pronunciados em todos os parâmetros de crescimento das plântulas de papaia durante toda a duração da experiência, a saber: deu valores mais elevados para as plântulas mais altas, maior diâmetro do caule, maior número de folhas e maior taxa de crescimento relativo em relação às plântulas cultivadas apenas em meio de silte (controlo) e os valores mais elevados foram associados a níveis mais elevados de composto.

2: As alterações de composto deram valores significativamente mais elevados de cada um dos teores foliares de N, P e K do que os do controlo e os valores mais elevados dos teores foliares de N, P e K foram associados a maiores alterações de composto.

Referências

Abd El-Kader, A.A; Shaaban, S.M. e Abd El-Fattah, M.S. (2010). Efeito dos níveis de irrigação e composto orgânico em plantas de quiabo *(Abelmoschus esculentus* L.) cultivadas em solo calcário arenoso. *Agricultural and Biology Journal of North America,* 1(3): 225231.

Abdel-Aziz, G.A.; Mazhar, A. A. (2011). Influência do uso de fertilizante orgânico no crescimento vegetativo e nos constituintes químicos da planta *(Matthiola incana* L.) cultivada sob irrigação com água salina. *Revista Mundial de Ciências Agrícolas,* 7(1):47-54.

Abdul Mateen, K.; AHMAD, I. e UL Amin, N. (2007). Efeito de diferentes meios orgânicos alterados no crescimento e desenvolvimento de *(Vinca rosea 'victory').* *Sarhad Journal of Agriculture,* (27)2: 201-205.

Acland, J.D. (1978). *East African Crops.* Terceira impressão. Long man Group Limited, Londres, Inglaterra 252 pp.

Ahmad, I. e Qasim, M. (2003). Influência de vários meios de envasamento no crescimento e na eficiência de absorção de nutrientes de *(Scindapsus aureus).* *Jornal Internacional de Agricultura e Biologia,* 5: 594-597.

Akanbi, W.B; Togun, A.O.; Adediran, J.A. e Ilupeju, E.A.O. (2010). Crescimento, matéria seca e componentes da produção de frutos de quiabo sob fontes orgânicas e inorgânicas de nutrientes. *American-Eurasian Journal of Sustainable Agriculture,* 4 (1): 1-13.

Atif, R.; Muhammad, A.; Adnany, Y.; Atiq, R.e Mansoor, H. (2008). Efeitos de diferentes meios de cultivo no crescimento e floração de *(Zinna elegans* L.). *Pakistan Journal of Botany,* 40(4):1579-1585.

Alvarez, M. A.; Gagne, S. e Antoun, H. (1995). Efeito do composto na microflora da rizosfera do tomateiro e na incidência de rizobactérias promotoras do crescimento das plantas. *Applied Environmental Microbiology*, 64(1): 194-199.

Asiegbu J.E. e Uzo, J.O. (1984). Resposta do rendimento e da componente de rendimento de culturas hortícolas a taxas de estrume de quintal na presença de fertilizantes inorgânicos. *Jornal da Universidade de Agricultura, Porto Rico*, 68: 243-252.

Banerjee, N.C. e Simghamahapatra, D.K. (1986). Efeito de diferentes adubos orgânicos e biofertilizante no crescimento e rendimento da batata. *Indian Agriculturist*, 30:117-123.

Bindumathi, M. (2008). Avaliação de promotores de crescimento orgânicos no rendimento de culturas hortícolas de terra firme na Índia. *Journal of Organic Systems*, 3 (1):23-36.

Chand, S., Anwar, M., Patra, D.D. (2006). Influência da aplicação a longo prazo de fertilizantes orgânicos e inorgânicos para aumentar a fertilidade do solo e a absorção de nutrientes na sequência de culturas de hortelã-mostarda. *Comunicações em Ciência do Solo e Análise de Plantas.* 37: 63-76.

Chaudhary, M.I. (1996). *Soil and Fertilizer.* In: *Horticulture* (Ed.): M.N. Malik. pp. 259-260, Fundação Nacional do Livro, Islamabad, Paquistão.

Cibez, H.R. e Gaztambide, S. (1978). Sintomas de carência mineral em papaia cultivada em condições controladas. *Revista de Agricultura da Universidade de Porto Rico,* 62:413-423.

Courtney, R.G. e Mullen, G.J. (2008). Qualidade do solo e crescimento da cevada influenciados pela aplicação no solo de dois tipos de composto. *Bioresource Technology.* 99:2913-2918.

Costa, A. de F.S. da, e Pacova, B.E.V. (2003). Caracterização de cultivares, estratégias e perspectivas do melhoramento genético do mamoeiro.p. 59-114. *In*: D. dos S.

Martins, e A. de F.S. da Costa (ed.) a cultura do mamoeiro: Tecnologias de produção. Incaper. Vitória, ES.

Cunha, R.J.P. (1979). Marcha de absorção de nutrientes em condições de campo esintomatologia de deficiências de macronutrientes e do boro em mamoeiro.(Tese Doutorado). Escola superior de Agricultura Luiz de Queiroz, Piracicaba, SP. 131p.

Darrow, G.M. (1975). *Frutas menores de clima temperado,* p. 276-277. Em: J. Janick e J.N. Moore (eds.) Advances in fruit breeding. Purdue Univ. Press, West Lafayette, Ind.

Diaz, T.R. e Colmenares, A. (1985). Avaliação de areia e estrume como meios de enraizamento para sementeiras de cebola. *Agronomia Tropical,* 33: 33-41.

FAO (1980). Organização para a Alimentação e Agricultura, *Manual of Rural Composting.* FAO, Roma, 26pp.

FAO (2011). Estatísticas da Organização das Nações Unidas para a Alimentação e a Agricultura (FAO), sítio Web http: www.fao.org.

EL-Desuki, M.; Mohammed, M.; Mohesin, H. e Saeed, F. (2010). Efeito de biofertilizantes orgânicos e biofertilizantes no crescimento da planta, vagem verde, rendimento e qualidade da ervilha. *Revista Internacional de Investigação Académica,* 2(1): 87-92.

El-Naggar, A.H. e El-Nashart, A.B. (2009). Efeito do meio de cultura e da fertilização mineral no crescimento, floração, produtividade dos bolbos e constituintes químicos de *Hippeastrum vittatum,* Herb. *American-Eurasian Journal of Agriculture and Environmental Sciences,* 6 (3): 360-371.

El-Sherbeny, S.E.; Hussein, M.S.e Khalil M.Y. (2007). Melhoria da produção de plantas *(Ruta graveolens* L) sob vários níveis de composto e várias datas de sementeira.

American-Eurasian Journal of Agriculture and Environmental Sciences, 2(3): 271281.

Fayed, T.A. (2010). Efeito do chá de composto e da aplicação de alguns antioxidantes nos constituintes químicos das folhas, no rendimento e na qualidade dos frutos da romã. *Jornal Mundial de Ciências Agrícolas*, 6(4):402-411.

Fuchs, J.G.e Larbi, M. (2005). *Controlo de doenças com composto de qualidade em ensaios de vaso e de campo.* Trabalho apresentado na I Conferência Internacional sobre Eco-Biologia do Solo e do Composto, León - Espanha, 15.-17. Set. 2004, pág. 157-166.

Gamal, A.M. e Ragab, M.A (2005). Efeito da fonte de adubo orgânico e da sua taxa no crescimento, estado nutricional das árvores e produtividade das tangerineiras de Balady. *Assuit Journal of Agricultural Sciences*, 4:253-264.

Karmegam, N.; Alagermalai, K. e Daniel, T. (1999). Efeito do vermicomposto no crescimento e rendimento da grama verde *(Phaseolus aureus* Rob.). *Tropical Agriculture*, 76(2):143- 416.

Karmegam N e Daniel T. (2000). Efeito do chorume biodigerido e do vermicomposto no crescimento e rendimento do feijão-frade *[Vigna unguiculata* L.]. *Ambiente e Ecologia*, 18(2):367-370.

Kandi, H. (210). Resposta do tomateiro ao enxofre e ao fertilizante orgânico. *Revista Internacional de Investigação Académica*, 2(3):204-210.

Lamont G.P. e O'Connell M.A. (1987). Shelf-life of bedding plants as influenced by potting media and hydro gels. *Scientia Horticulturae*, 31:141-149.

Landis TD, Tinus RW, McDonald SE e Barnett JP. (1998). Seedling Nutrition and

Irrigation. vol. 4, the container tree nursery manual. Manual de Agricultura 674. Washington, DC, EUA: Departamento de Agricultura dos EUA, Serviço Florestal.119 pp.

Layne, D.R. (1996). A papaia *[Asimina triloba* (L.) Dunal]: Uma nova cultura de frutos para o Kentucky e os Estados Unidos. *HortScience* 31:777-784.

Leroy, B.L.M.; Kerath, M.S.K.; DeNeve, S.; Gabriels, D.; Bommele, L.; Reheul, D. e Moens, M. (2008). Efeito do composto de resíduos de legumes, frutas e alho (VFG) nas propriedades físicas do solo. *Ciência e utilização do composto* (16) 1:43-51.

Liang, Y.; Si, J.; Nikolic, M.; Peng, Y.; Chen, W.; Jiang, Y. (2005). O estrume orgânico estimula a atividade biológica e o crescimento da cevada em solo sujeito a estalinização secundária. *Soil Biology and Biochemistry,* 37 (6):1185-1195.

Luo, Y.G.; Muchovej, R.M. e Hanlon, E.A. (2006). Resposta do feijão-de-lima a fontes e taxas de azoto inorgânico e de estrume de frango. *Comunicações de Ciência do Solo e Análise de Plantas,* 37: 587-603

Maheswarappa, H.P; Nanjappa, HV e Hegde M.R. (1999). Influência dos adubos orgânicos no rendimento da araruta, nas propriedades físico-químicas e biológicas do solo quando cultivada como cultura intercalar no coqueiral. *Anais da Investigação Agrícola,* 20(3):318-323.

Marcos, A.; Debrito A.; Serge, 1; Gagne, N. e Hani, A. (2007). Efeito do composto na microflora da rizosfera do tomateiro e na incidência de rizobactérias promotoras do crescimento vegetal. *Microbiologia Aplicada e Ambiental,* 6(1):194-199.

Mazhar, A.A.; Abdel-Aziz, G.A.; Shedeed, S. I. e Zaghloul S.M. (2011). Efeito da aplicação do composto do Nilo no crescimento e nos constituintes químicos da *(Jatropha curcas)* cultivada sob diferentes níveis de salinidade da água do mar diluída. *Australian Journal of Basic and Applied Sciences,* 5(9): 967-974.

Marinari, S.; Masciandaro, G.; Ceccanti, B. e Grego, S. (2000). Influência de
fertilizantes orgânicos e minerais nas propriedades biológicas e físicas do solo.
Bioresource Technology, 72(1):9-17.

Maynard, A.A., e Hill, D.E. (2000). Efeito cumulativo do composto de folhas na produção
e distribuição de tamanho em cebolas. *Compost Science and Utilization,* 8 (1):12-
18.

Miller, J.H. e Jones, N. (1995). Meios de cultura orgânicos e à base de composto para
viveiros de mudas de árvores. Documento Técnico do Banco Mundial No. 264.
Forestry Series. Washington, DC, EUA: Banco Mundial, 75 pp.

Mitchell, A. e Edwards, C.A. (1997). A produção de vermicomposto utilizando *Eisenia
fetida* a partir de estrume de gado. *Soil Biology and Biochemistry,* 29:3-4.

Mohamed, I.A., H.E. Farouk e ALtilib, M.A. (1999). *Efeito do estrume do pátio da quinta
no crescimento de plantas de tília* (Citrus *aurantifolia* L.) University of Khartoum
Journal of Agricultural Sciences, 7 (1): 83-93.

Mohamed, A.B.; Muster, A. e Mohammed, A.A. (2007). Efeito de vários meios de
envasamento no crescimento de estacas enraizadas *(Simmons chinesis). Jornal
Internacional de Agricultura e Biologia,* 9(1): 147-151.

Moyin-Jesu, E. I. e Adeofun, C. O. (2008). Avaliação comparativa de diferentes
fertilizantes orgânicos na fertilidade do solo, composição mineral das folhas e
desempenho de crescimento de mudas de manga *(Magnifera indica* L.). *Emir.
Journal of Food and Agriculture,* 20 (1): 18-30.

Moyin-Jesu, E. I. e Charles, E. F. (2003). Cultivo de mudas de dendezeiro em cidades
urbanas usando tratamentos com cinza de madeira e serragem. *Pertanika Journal.
of Tropical Agriculture Sciences, Malásia,* 26:19-25.

Morales-Payan, J. P. e Stall, W. M. (1997). Efeito das densidades populacionais de

Cyperus rotundus no crescimento de transplantes de três cultivares de papaia *(Carica papaya)*. *Horticultural Science,* 32:342.

Michael, T.; Masarirambi, M.; Hlawe; T.; Oseni; A. e Thokozile E. (2010). Efeitos de fertilizantes orgânicos no crescimento, rendimento, qualidade e avaliação sensorial da alface vermelha *(Lactuca sativa* L.). *Revista de Agricultura e Biologia da América do Norte,* 1(6): 13191324

Mumtaz, M. K.; Azam. M. k.; Mazhar A.; Muhammad J.; Jaskani, M. A. e Haider, A. (2006). Avaliação de meios de envasamento para a produção de material de viveiro de limoeiro em bruto. *Pakistan Journal of Botany,* 38(3): 623-629.

Mutwalli, S. E. (2011). *Algumas práticas de agricultura biológica para a produção de beringela (Solanum melongena* L.*) e quiabo (Abelomoshus esculentus* L.*) no centro do Sudão.* Tese de doutoramento, Faculdade de Agricultura, Universidade de Cartum, Sudão.

Nakasone, H.Y. e Paul, R.E. (1998). *Tropical Fruits.* CAB International, Oxon, UK.443 pp.

Nethra, N.N.; Jayaprasad, K.V e Kale R.D. (1999). Cultivo de áster da China *[Callistephus chinensis* (L)] usando vermicomposto como emenda orgânica. *Crop Research Hisar,* 17(2): 209-215.

Nisar, F.R.; Agha, J.T. e Mohammed, A.R.S. (1990). Efeito da composição da mistura na germinação das sementes e no crescimento das plântulas de dois porta-enxertos de citrinos. *Meso. Journal of Agriculture,* 22: 73-80.

Indriyani, N.; Putu S. e Soemargono, A. (2011). O efeito do meio de plantação no crescimento de mudas de pinha. *Jornal de Ciências Agrárias e Biológicas* , 6(2):43-48.

Oliveira, A.M.G. e Caldas, R.C. (2004). Produção do mamoeiro em função de adubação com nitrogênio, fósforo e potássio. Revista Brasileira *de Fruticultura,* 26:160-163.

Oliveira, A.M.G. (1999). Solo, Calagem e Adubação. P. 9-16,*In*: N.F. Sanches, e J.L.L. Dantas (coord.). O cultivo do mamão. Embrapa Mandioca e Fruticultura. Circular Técnica, 34. Cruz das Almas, BA.

Okunomo, K. (2010). Resposta das mudas de fruta-pão africana *(Treculia africana* Decne) a diferentes técnicas de viveiro. *Bioscience Research Coomunications,* 22 (3):28-33.

Azores-Hampton, M.; Obese, T.A. e Hochmuth, G. (1998). Utilização de resíduos compostados em culturas hortícolas na Florida. *Horticultural Technology,* (8)2:130-137.

Pandey, C. e Shukla, S. (2006). Efeitos de resíduos de pátio compostados no movimento da água em solo arenoso. *Compost Science and Utilization,* 14 (4):252-259.

Purseglove, J. W. (1985). *Culturas tropicais: Dicotyledons.* Quinta impressão Long man Group Ltd. 718 pp.

Ravishankar, H.; Karunakaran, G.e Srinivasamurthy, K. (2004). O desempenho da papaia Coorg Honey Dew em regimes de agricultura biológica na zona montanhosa de Karnataka. *Simpósio Internacional sobre Papaia Ata Horticulture,* 851:283-289.

Rice, R.P.; Rice, L.W. e Tindall, H.D. (1987). *Fruit and Vegetable Production in Africa (Produção de Frutas e Legumes em África).* Macmillan Publishing Company 371 pp.

Russo, R. O. (2001). Fertilizante foliar orgânico preparado a partir de frutos fermentados no crescimento de *(Vochysia guatemalensis* L.) nos trópicos húmidos da Costa Rica. *Revista de Agricultura Sustentável,* 18(2): 161-166.

Roe, N.E. (2000). Utilização de composto para culturas hortícolas e frutícolas. *HortScience,* 33(6):934- 937.

Rynk, R. (1993). *Compostagem na exploração agrícola. Handbook.* Serviço Regional de Engenharia Agrícola do Nordeste, Ithaca, NY.

Sabah, N. (1994). *Estudo da eficiência de absorção de nutrientes de Scindapsus aureus influenciada por diferentes meios de envasamento.* Tese de Mestrado, Departamento de Horticultura, Universidade de Agricultura, Faisalabad, Paquistão.

Salunkhe, D. K. e Desai, B.B. (1984). *Postharvest Biotechnology of Fruit.* Vol.2. CRC Press, Inc. Boca Raton, Florida, U.S.A. pp 148. Boca Raton, Florida, U.S.A. pp 148.

Samson, J.A. (1986). *Tropical Fruits.* 2nd. ed. Tropical Agriculture Series, Long man Group UK Ld. Essex, Inglaterra. 330 pp.

Scheuerell, S. J., Mahaffe, W.F. (2004). Chá de composto como um meio de irrigação de recipientes para suprimir o amortecimento de mudas causado por *(Phytophera ultimum), Phytopathology,* 94: 1156-1163.

Seran1, T.H.; Srikrishnah1, S. e Ahamed, M.M.Z. (2010). Efeito de diferentes níveis de fertilizantes inorgânicos e composto como aplicação basal no crescimento e rendimento da cebola *(Allium cepa* L.). *The Journal of Agricultural Sciences,* 5(2): 64-70

Steel, R.; Torrie, J.H. e D. Dickey. (1997). Principles and procedures of statistics. A biometrical approach, 3rd ed. McGraw hill publishers, Nova Iorque.

Stino, R.G.; Mohsen, A.T.; Maksoud; Abd El-Migeed; M.M. Gomaa, A.M. e Ibrahim, A.Y. (2009).Fertilização bio-orgânica e seu impacto em árvores jovens de damasco em solo recém-recuperado. *American Eurasian Journal of Agriculture and Environmental Sciences,* 6 (1):62-69.

Stofella, P.J. e Graetz, D.A. (2000). Utilização de composto de cana-de-açúcar como corretivo de solo em um sistema de produção de tomate. *Ciência e Utilização de Composto,* (8) 3:210-214.

Tan, K.S.R.; O'Gara, E.; Guest, D. e Vawdrey, L. (2002). Effects of fertilizer on the susceptibility of durian and papaya to Phythopthora palmivora (Efeitos do fertilizante na suscetibilidade do durião e da papaia a Phythopthora palmivora). *Ata Horticulture,* (575): 457-464.

Viator, R. P.; Kovar J. L., e Hallmark, W. B. (2002). Efeitos do gesso e do composto no crescimento da raiz da cana-de-açúcar, rendimento e nutrientes da planta, *Agronomy Journal* (94): 1332-1336.

Willson, S.B e Stoffella, P.J. (2003). A influência do composto e do sistema de irrigação na sálvia perene em recipientes. *Jornal da Sociedade Americana de Ciências da Horticultura,* 128: 260-268.

Yusef, S. (2011). Efeito da mistura de composto de folhas de tamareira (DPLC) com vermiculite, perlite, areia e argila no crescimento vegetativo de plantas de dália *(Dahlia pinnata),* calêndula *(Tagetes erecta),* zínia *(Zinnia elegans)* e cosmos *(Cosmos biinnatus). Research Journal of Environmental Sciences,* 5(7):655-665.

Zibilske, L.M. (1999). *Compostagem de resíduos orgânicos,* pp 482-497. In: Sylvia, M.S., J.J. Fuhrmann, P.G. Hartel, D.A. Zuberer (eds.) Principles and applications of soil microbiology. Prentice Hall, Upper Saddle River, NJ

I want morebooks!

Buy your books fast and straightforward online - at one of world's fastest growing online book stores! Environmentally sound due to Print-on-Demand technologies.

Buy your books online at
www.morebooks.shop

Compre os seus livros mais rápido e diretamente na internet, em uma das livrarias on-line com o maior crescimento no mundo! Produção que protege o meio ambiente através das tecnologias de impressão sob demanda.

Compre os seus livros on-line em
www.morebooks.shop

Printed by Books on Demand GmbH, Norderstedt / Germany